KB273645

# 왜 눈물이 나요?

# 왜 눈물이 나요?

에밀리 듀프레인 글
이계순 옮김
서영균 감수

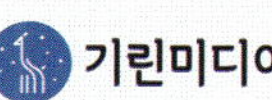

왜 눈물이 나요?

# 차례

# 눈물이 뚝뚝 떨어지나요?

얼마나 용감하고 얼마나 덩치가
큰지는 중요하지 않아요.
기분이 좋지 않거나 어딘가를 다치면
엉엉 울고 싶어져요.

울지 않는
사람은 없어요.
특히 방 문 모서리에
발가락을 찧을 땐
더 그렇죠.

우는 이유는 참 여러 가지예요.
슬프거나 기뻐서 울기도 하고, 몸이 아파서 울기도 해요.

# 눈물의 종류

눈물이라고 다 같은 눈물이 아니에요. 눈물은 크게 세 종류로 나눌 수 있어요.

눈물을 흘리는 이유는 사람마다 달라요.

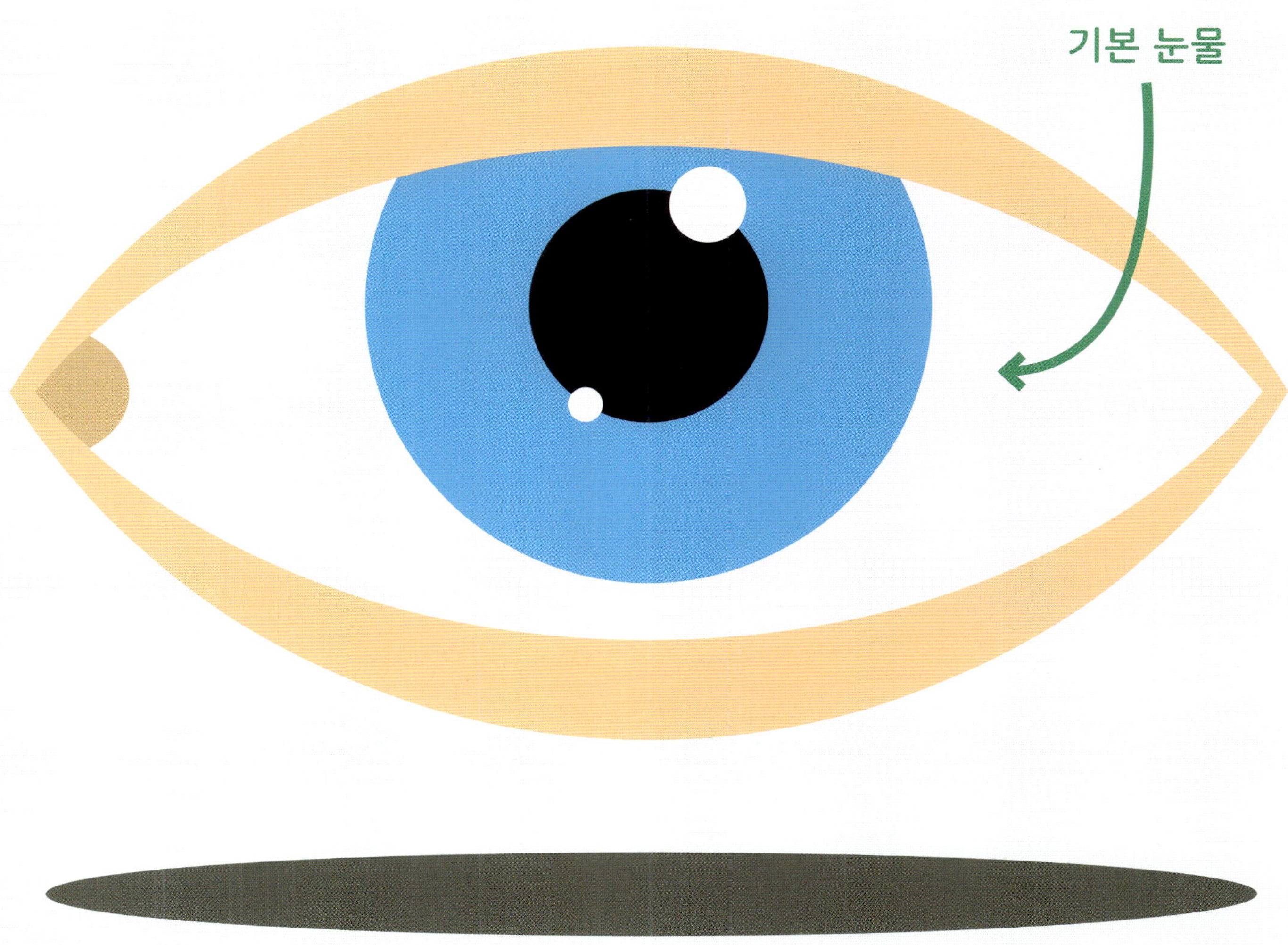


## 기본 눈물

눈에서는 항상 기본 눈물이 나와요. 이 눈물은 눈을 끊임없이 적셔서 눈알이 매끄럽게 움직이도록 해 줘요. 눈을 깜박이면 눈물이 눈 주위로 퍼지지요.

# 반사 눈물

무언가가 눈을 자극하면 반사 눈물이 나와요. 알레르기 반응을 일으키는 물질이나 매연 같은 것이 눈을 자극할 수 있어요.

# 감정 눈물

감정이 솟구치거나 막 괴로우면 감정 눈물이 나와요. 정신적으로 충격을 받아도 감정 눈물이 나오지요.

# 눈물이 만들어 지기까지

눈물 기관은 눈물을 만들어서
내보내는 기관들을 말해요.
눈물샘과 눈물 배출 기관으로
나뉘어요.

기관은
우리 몸의 한 부분으로,
특별히 정해진
일을 해요.

# 신호가 도착했어. 이제 울어야 할 때야!

우리가 울어야 할 때, 뇌는 몸에다 눈물 기관을 작동시키라는 신호를 보내요.
그러면 우리는 눈물을 흘리기 시작하죠.

# 눈물의 여행

1단계:
눈의 바깥
위쪽 구석에 있는
눈물샘에서
눈물이 나와요.

2단계:
눈물은
눈 안쪽에 있는
눈물점을 통해
눈 밖으로
빠져나가요.

3단계:
빠져나간 눈물은
눈물주머니로
가요.

4단계:
그런 다음 눈물이
코눈물관을 거쳐
코로 빠져나가요.
그래서 울 때
콧물도 줄줄
흐르는 거예요!

5단계:
눈물이
눈물점으로 빨리
빠져나가지 못하면,
뺨을 타고 아래로
흘러내려요.

너무 많이 울면
머리가 지끈지끈 아프기도 해요.

# 눈물의 구조

눈물은 세 층으로 이루어져 있어요.

**첫 번째 층:**
이 기름진 층은 눈물이 증발하는 것을 막아 줘요.

**두 번째 층:**
소금 같은 무기질과 물이 있어요. 그래서 눈물에서 짠맛이 나는 거예요. 먼지나 병원체 등으로부터 눈을 보호해 줘요.

**세 번째 층:**
점액으로 된 이 층은 눈물이 눈에 착 달라붙도록 해 줘요.

감정이 솟구쳐서 울 때, 샘은 눈물 말고 다른 것도 내보내요. 화가 나거나
슬픔에 젖어 있을 때 우리 몸에서는 여러 가지 <u>호르몬</u>이 만들어져요.

# 기분이 좋아졌다고요?

한바탕 울고 나니 기분이 좋아졌다는 말을 들어 본 적 있나요?
아니, 울었는데 어떻게 기분이 좋아질 수 있을까요?

엉엉 울면 그동안 몸에 쌓여 있던
<u>스트레스</u> 호르몬이 눈물을 통해
밖으로 빠져나가요. 그러면서
스트레스가 확 풀리는 거예요.

눈물은
우리가 고통을
덜 느끼도록
도와주기도 해요!

# 눈곱이 꼈어요

자고 일어났더니 눈구석에 눈곱이 끼어 있었던 적이 있나요?
눈곱은 말라서 딱딱할 수도 있고, 축축하면서 끈적거릴 수도 있어요.
둘 다 아무 문제 없어요!

기본 눈물이 눈물길로 빠져나갈 때, 눈물 속 기름 성분 중 일부는 눈에 남아 있어요. 이 기름 성분과 눈에 들어온 먼지가 뭉쳐져 눈곱이 되는 거예요.

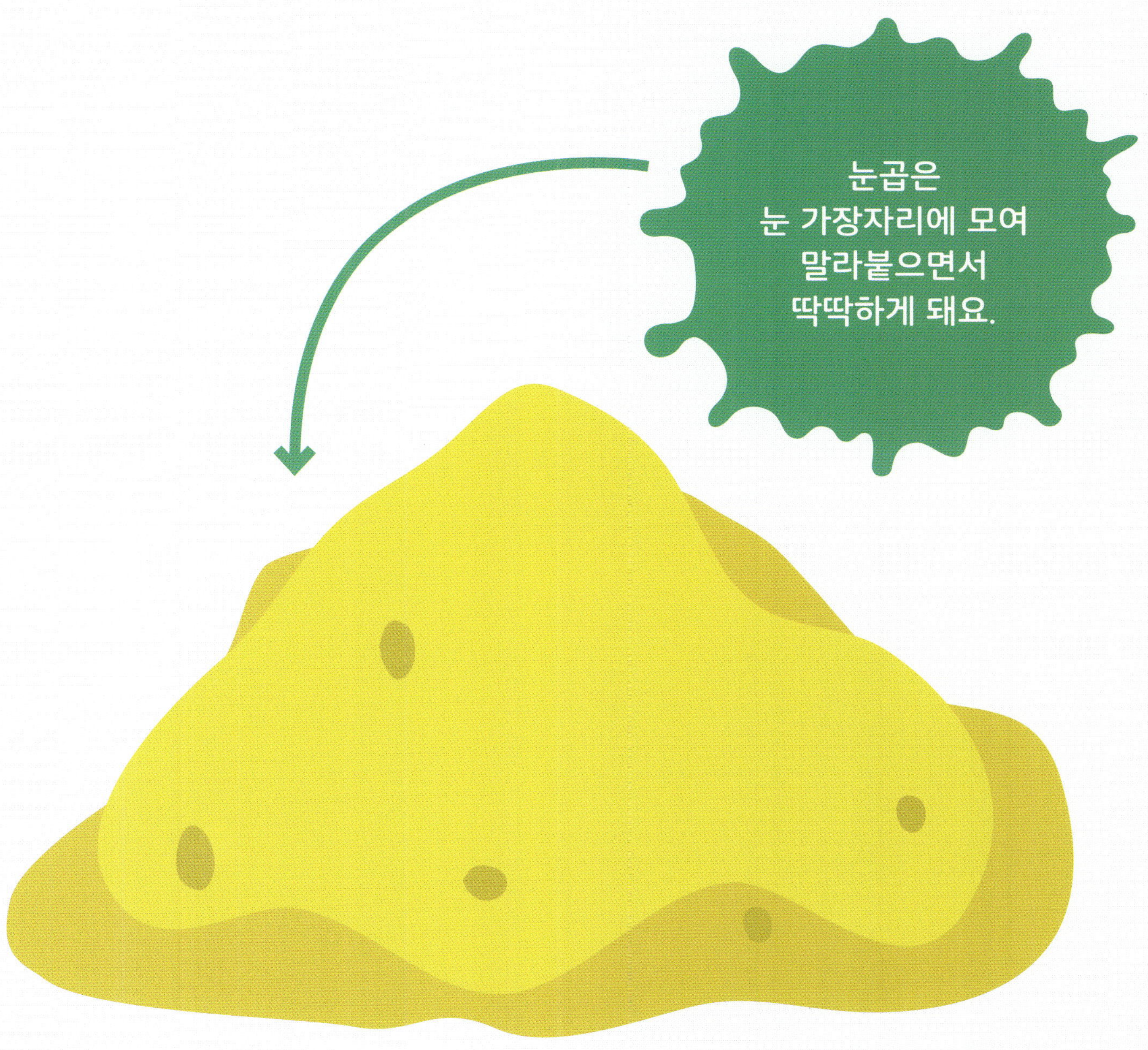

# 끈적끈적한 눈

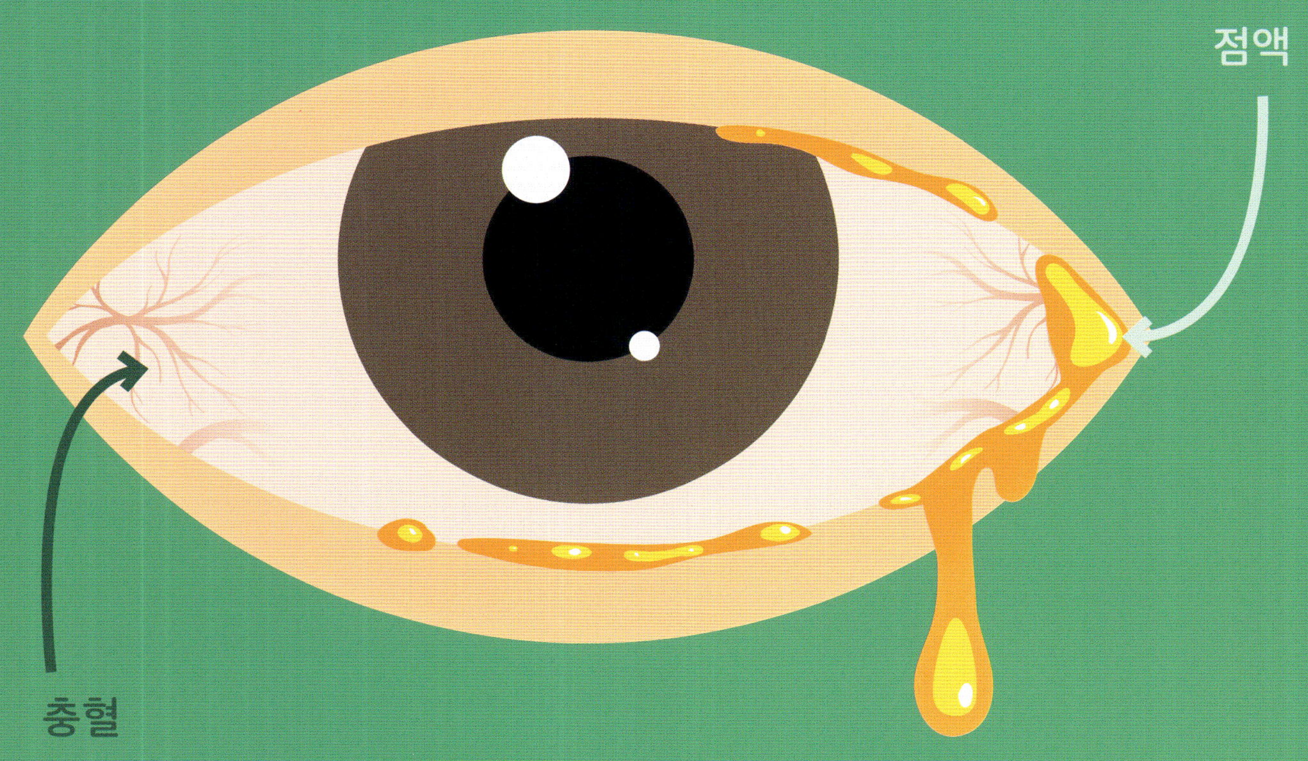


눈이 바이러스나 세균에 감염될 수 있어요. 그러면 눈알이 빨갛게 충혈되면서 몹시 가려워요. 끈적끈적한 점액이 생길 수도 있고요. 눈 감염의 한 종류로 결막염이 있어요.

눈이 바이러스나 세균에 감염되지 않으려면 이렇게 해야 해요.

# 응애응애 우는 아기

아기는 말을 못 해요. 그래서 뭔가가 필요할 때 울어서 우리에게 말하는 거예요. 꼭 어디가 아파서 우는 게 아니에요. 주로 우리의 관심이 필요할 때 울지요.

아기는
배가 고프거나
졸릴 때, 또는
몸이 좋지 않거나
기저귀가 젖었을 때
울어요.

# 깜짝 퀴즈

아래 그림을 보고 반사 눈물인지 감정 눈물인지 구별할 수 있나요?

1.

2.

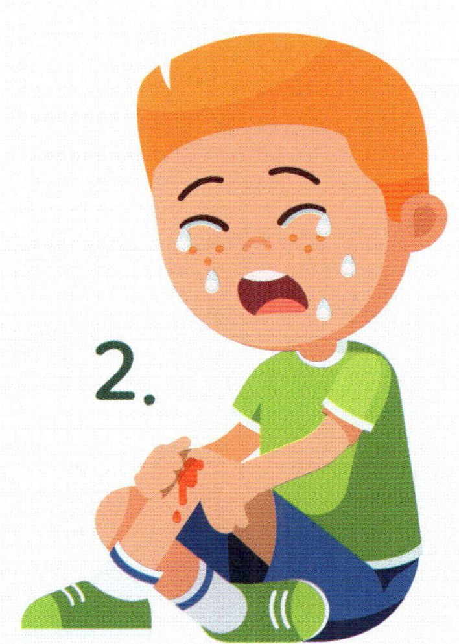

3.

4.

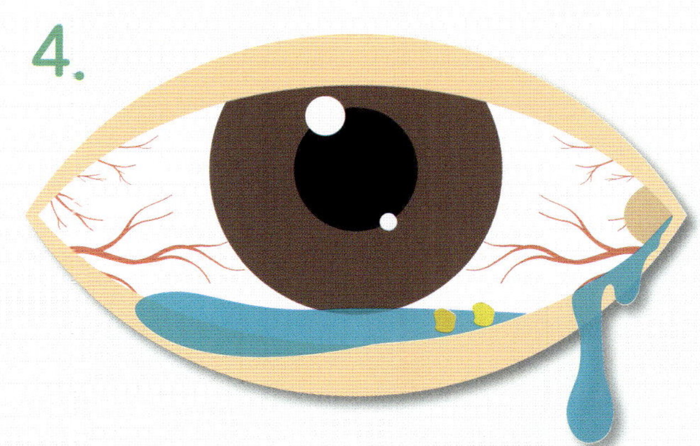

[정답] 1. 감정 눈물   2. 감정 눈물   3. 감정 눈물   4. 반사 눈물

# 무슨 뜻일까요?

**감염**
22, 23쪽

병을 일으키는 바이러스, 세균, 진균, 기생충 같은 병원체가 몸속에 들어가 퍼지는 거예요.

**무기질**
16쪽

칼슘, 나트륨, 마그네슘처럼 우리 몸이 제대로 여러 기능을 하기 위해 필요한 영양소예요.
미네랄이라고도 해요.

**바이러스**
22, 23쪽

동물이나 식물 등의 생물에 붙어살면서 그 생물을 병들게 하는 아주 작은 입자예요. 세균보다
작아요.

**스트레스**
19쪽

견디기 어려운 어떤 일 때문에 불안을 느끼고 마음을 졸이는 상태를 말해요.

**샘**
12, 14, 17쪽

우리 몸이 필요로 하는 물질을 만들고 내보내는 기관이나 조직을 말해요. 분비샘이라고도 해요.
침샘, 땀샘 같은 외분비샘과 뇌하수체, 갑상샘 같은 내분비샘이 있어요.

**세균**
22, 23쪽

다른 동물이나 식물에 붙어살면서 병을 일으키거나 발효 작용 등을 하는 작은 생물이에요.
박테리아라고도 해요.

**알레르기**
10쪽

어떤 물질이 몸속에 들어갔을 때 재채기를 하거나 두드러기가 나는 등 지나치게 반응을 하는 걸
말해요.

**자극**
10쪽

어떤 것이 작용하여 감각이나 마음에 반응을 일으키는 거예요. 피부를 빨갛게 하거나 아프게
하거나 가렵게 만드는 것처럼 말이에요.

**점액**
16, 22쪽

미끄럽고 끈적끈적한 액체예요. 액체는 물처럼 모양이 없고 흘러 움직이는 물질의 상태를
말해요.

**증발**
18쪽

액체가 기체로 바뀌는 거예요. 기체는 공기처럼 모양과 부피가 없는 물질의 상태를 말해요.

**호르몬**
17-19쪽

우리 몸속에서 나오는 물질로, 몸속 여러 곳으로 옮겨져 여러 가지 기능을 해요.

**삐뽀삐뽀 우리 몸**

# 왜 눈물이 나요?

**초판 1쇄 발행** 2021년 5월 25일 | **초판 2쇄 발행** 2022년 6월 22일
**글쓴이** 에밀리 듀프레인 | **옮긴이** 이계순 | **감수** 서영균
**펴낸이** 홍성우 | **책임 편집** 이정은 | **디자인** 박두레
**펴낸곳** 기린미디어 | **등록** 2016년 4월 26일 제 409-2016-000009호
**주소** 경기도 김포시 모담공원로 17
**전화** 0505-302-2381 | **팩스** 0505-300-2381 | **전자우편** girinmedia@daum.net

ISBN 979-11-91142-18-1  74470
　　　979-11-91142-11-2 (세트)

*책값은 뒤표지에 표시되어 있습니다.
*파본이나 잘못된 책은 구입하신 곳에서 바꿔드립니다.

**품명** 아동 도서 | **사용연령** 5세 이상 | **제조국** 대한민국 | **제조년월** 2022년 6월 22일 | **제조자명** 기린미디어
**연락처** 0505-302-2381 | **주소** 경기도 김포시 모담공원로 17
**주의사항** 종이에 베이거나 긁히지 않도록 조심하세요. 책 모서리가 날카로우니 던지거나 떨어뜨리지 마세요.
KC마크는 이 제품이 공통안전기준에 적합하였음을 의미합니다.

글쓴이 에밀리 듀프레인
캐나다에서 작가이자 시인으로 활동하고 있습니다. <일 년 내내> 시리즈와 <환경 문제> 시리즈를 비롯한 수십 권의 어린이 교양 도서를 썼습니다.

옮긴이 이계순
서울대학교를 졸업했고, 인문사회부터 과학에 이르기까지 폭넓은 분야에 관심을 갖고 공부하는 것을 좋아합니다. 좋은 어린이·청소년 책을 우리말로 옮기는 일에 힘쓰고 있습니다. 옮긴 책으로 《캣보이》, 《1분 1시간 1일 나와 승리 사이》, 《말똥말똥 잠이 안 와》, 《지키지 말아야 할 비밀》, <공룡 나라 친구들 시리즈(전11권)> 등이 있습니다.

감수 서영균
서울대학교 의과대학을 졸업한 의학박사, 가정의학과 전문의입니다. KBS <생로병사의 비밀>, 채널A <나는 몸신이다> 등 다수의 프로그램에 출연했습니다. 현재 한림대학교 성심병원 가정의학과 교수입니다.